この声は、あなたへ届きますか

いま、日本では、
年間約1万匹もの犬や猫の命が
人の手によって失われています。*

ドイツでは、行政で殺処分という制度を認めていません。
イギリスには、アニマルシェルターがあります。
エクアドルでは、自然生態系にも生存権があります。

いま、この国で、
起きていることを知ってください。

* 令和5年度統計資料（環境省HPより）

ある犬のおはなし

~殺処分ゼロを願って~

作：絵 kaisei

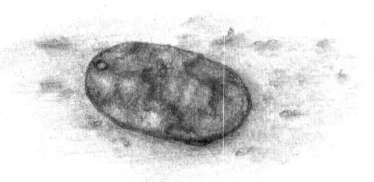

ある犬のおはなし

A Story of a Dog

kaisei

「かわいいね
　　　この子にする」

"How cute! OK, I'll take this one."

そう言って
あなたはぼくを
抱きしめてくれました

You said, and you hugged me tightly.

そうして
ぼくは
あなたの家族になりました

And I became a part of your family.

何も
知らないぼくに
あなたはうれしいことや
楽しいことを
いっぱいおしえてくれました

Knowing nothing about the world,
you taught me many new things about fun and happiness.

お散歩も
かけっこも
ボール遊びも

I had so much fun walking,
running and playing ball with you.

春には
たんぽぽのたくさん咲くこの道を
あなたと一緒に歩きました

In the spring,
on this road with a lot of dandelions blooming,
I walked with you.

夏には
雨上がりの水たまりをピチャピチャと
あなたと一緒に歩きました

In the summer,
making splashing sounds in after the rain,
I walked through the puddles with you.

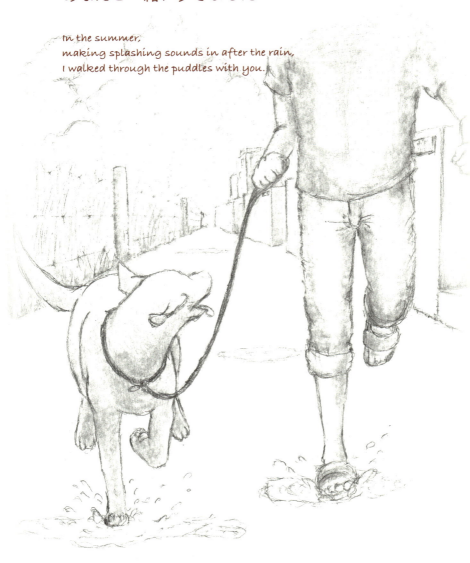

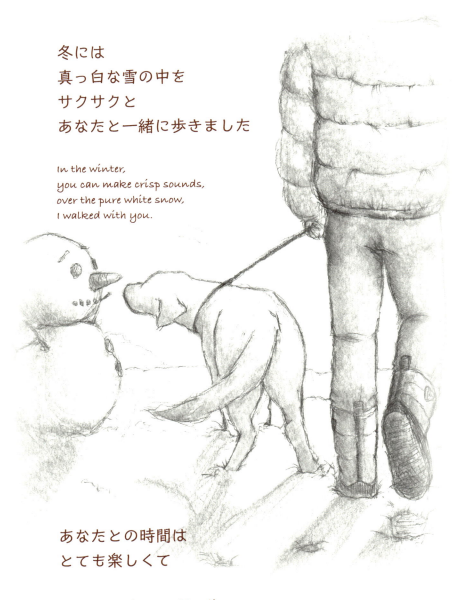

ぼくは
あなたのことが大好きです
あなたと過ごしたすべての時間が
ぼくのたからものです

Every moment we spent together was so precious
that it was the happiest time of my life.
I love you very much.

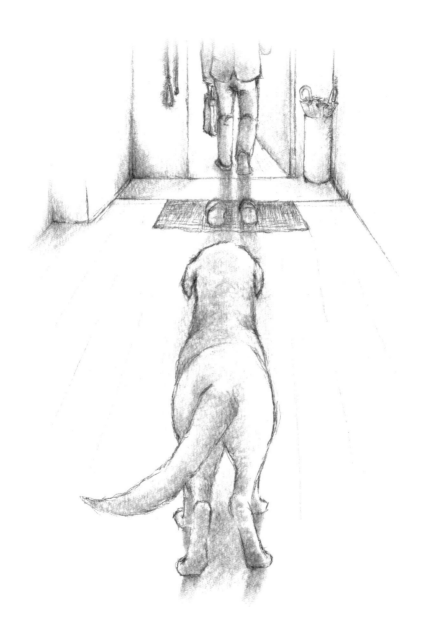

でも
いつからかな

あなたはいつも忙しそうで
ぼくとの時間は
だんだんへっていきました

When was it?
I can't remember...

You always looked busy.
We started spending less time together.

ぼくは
少し
寂しくて

I felt a little lonely.

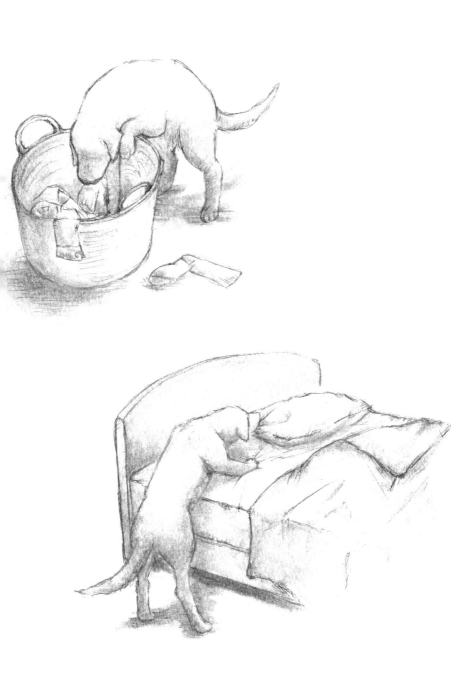

でも
あなたのじゃまはしたくないから

ぼくはまっていました

But I didn't want to get in your way.

ぼくはあなたのことが
大好きだから…

あなたもきっと
ぼくのこと　大好きだよね？

だから
少しくらい寂しくても
平気です

So I waited...
Because I love you very much...
I'm sure you love me too, right?
So I don't mind. I'll be all right.

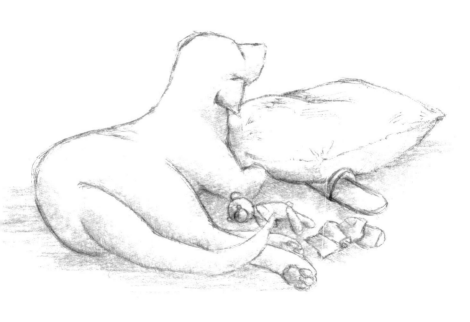

「おいで」

あなたの声です
ぼくはうれしくて
おもわずかけあしで
あなたのもとへ
走りました

"Come!"
It was your voice! You were calling me!
I was so happy that I ran to you as fast as I could.

ぼくはあなたのとなりを歩きました

ふたりで歩く道

ぼくは全部おぼえているよ
あなたがおしえてくれた　たんぽぽの道
一緒に遊んだ公園

We walked together side by side. The usual path we walked together.
I remembered everything. The street with dandelions that you showed me.
The park where we played together.

ひとまわりして戻ってきたけど
今日はお家に入りません

なんだか
とくべつな日です

We walked around, but we didn't go back inside the house that day.
Is today special?
Are we going somewhere?

車の窓から見えるみなれない景色

I saw some unfamiliar scenery through the car window.

ここは来たことのないところ

あなたは知らないおじさんに
ぼくのリードを渡しました

おるすばんかな…

でも
あなたはいつもと少しちがいました
何も言わずにぼくの顔を見て
少し悲しそうな顔をしていました

大丈夫だよ
ぼくはいい子にまってるから

This was a place I'd never been before.
You handed my leash to a man whom I've never seen before.
Are you going away again?
But there was something strange and different about you that day.
You seemed a little sad when you looked at me without a word.
Don't you worry. I'll be all right!
I'll be a good boy waiting for you!

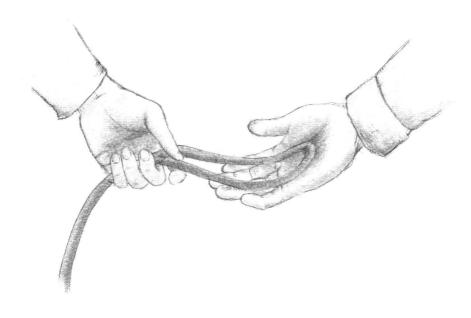

冷たいへや
悲しいにおいがしました

おじさんは
ぼくに優しくしてくれました
ぼくの頭をなでて
「よしよし、いい子だな」って
何度も言ってくれました

Entering into a very cold room, there was an air of sadness.
The man was nice to me.
He patted my head and repeatedly said,
"OK, good boy. Good boy."

でも夜になると
おじさんはいなくなってしまって…
ぼくは冷たい床にひとりで寝ました

悲しい声がいっぱい聞こえてきて
ぼくは少し　寂しくなりました

でもすぐに
あなたがむかえに来てくれるから
だから　大丈夫

But when the evening came, he was gone.
Hearing lots of sad crying...it made me a little sad and lonely too.
But I'll be all right! You'll come to get me soon.

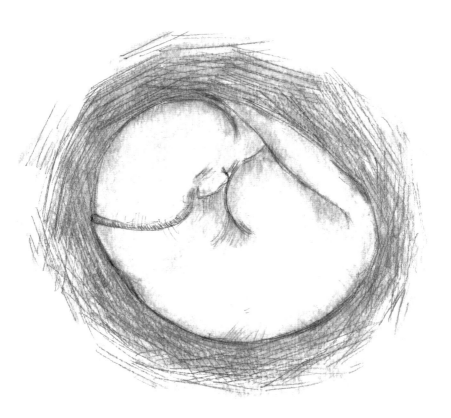

ぼくは
毎日ここにすわってまちました

あなたが来たら
１番に見つけられるように
入口がよく見えるこの場所にすわって
まちました

I sat there in the same spot everyday and waited...

I sat in the spot where I had a clear view
of the entrance so I could find you right away
when you came in!

おじさんは
いつもぼくに話しかけてくれました
とっても優しい顔をして
いつもぼくの頭をなでて
かならず「よしよし、いい子だな」って
言ってくれました

The man talked to me all the time.
With such a sweet smile, he patted me and said
"Good boy, Good boy," every time.

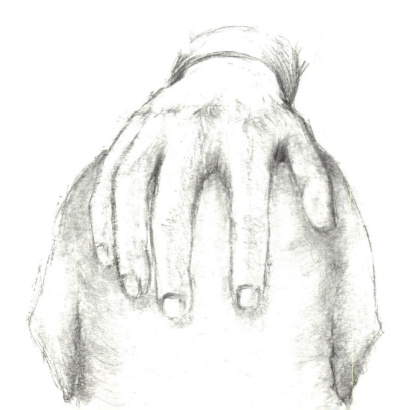

だから…

That's why...

ぼくは寂しくありません

That's why I wasn't lonely.

何回か夜が来て…
何回か朝が来て…

おじさんはぼくを呼びました
いつものように
「よしよし、いい子だな」って
ぼくの頭をなでて…

そして
今日はぼくのことを
ぎゅっと
抱きしめてくれました

Many nights passed…and many mornings passed…

One day, the man called me.
He patted my head and said, "Good boy, good boy," as he always did.
But this time, he hugged me so tightly.

おじさんはぼくを連れて
べつの部屋へ行きました
そこにはおともだちが
たくさんいました

Then he took me to another room.
There were many friends in the room.

「そこに入りなさい」
おじさんは言いました

"Get inside," the man said.

ぼくが中に入ると
扉はしめられてしまいました

I went in and he shut the door.

冷たい金属の部屋の
異様な雰囲気に
みんなの小刻みに震える振動や
ドクドクと速く打つ鼓動が
伝わってきて
ぼくは急にこわくなりました

扉はいくらあけようとしても
あけることができなくて…

それでもぼくは
必死で扉をカリカリしました

As I could feel my friends shivering and hear their rapid heartbeats in this cold metal room, I suddenly felt scared.

No matter how many times I tried, I couldn't open the door...
I kept scratching the door frantically.

しばらくすると
なんだか息が苦しくなってきました

ぼくたちは部屋の奥に小さな窓を見つけ
そこから外をのぞきました

After a while, I started to feel sick.
I could hardly breathe.

We found a small window in the back of the room,
so we all peeked out the window.

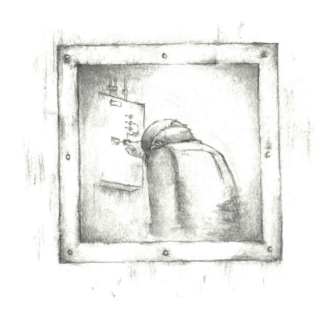

窓のむこうにおじさんが見えました
ぼくは「あけてー」ってさけびました
みんなもさけびました
でもおじさんには聞こえないみたいで
だからぼくはもっともっと大きな声でさけびました
何度も　何度も

でもおじさんは下を向いたままうごきません

As I saw the man through the window, I cried for help. "Help! Please open the door! Please!" Everyone cried for help. But he didn't seem to hear us. So I cried even harder and louder, over and over again.
The man remained still and kept looking downward.

ぼくたちは
立っていることができなくて
次々にたおれていきました

だんだん薄れていく意識の中で
おじさんの声が聞こえました

We felt so sick that we could barely stand.
We fell to the floor.
Each of us, one after another.
As my consciousness faded, I heard the man say,

「ごめんよ
たすけてあげられなくて…
ごめんよ」

"Sorry. I couldn't help you...I'm so sorry..."

そしてぼくは歩いていました

あなたと一緒に歩いた道
あなたがおしえてくれた　たんぽぽの道

この先を曲がれば　またあなたに会える
きっとあなたもぼくに会えるのをまっているはず

そう思うとなんだかうれしくなって

ぼくは走りだしました

I woke up walking.
The familiar path we used to walk together.
The street with dandelions that you showed me.

When I turn this corner, I will see you again!
You must be waiting for me...waiting to see me again.
I got so excited that I started running as fast as I could!

「ただいま」

I'm home!

最後に…

この子たちは「モノ」ではありません。
この子たちには「喜び」も「悲しみ」もあります。
しかし、日本では毎年2万匹以上の犬や猫の命が
こうして消えていっています。
この子たちがガス室で、どんな気持ちで最期を迎えるのか
どうかみなさん考えてみてください。
そして、どうしてこんな悲しいことが無くならないのか
どうしたら無くすことができるのか、少しでもいいので
調べたり、誰かと話したりしてもらえませんか？
この子たちの消えてしまった命は、
もう戻ってくることはありません。
でも、これ以上小さな命を奪わないために、
私たちにできることはたくさんあるのではないでしょうか。

迷子にさせないために
迷子札や鑑札を必ず
つけることを広める。

SNSで発信して
よりたくさんの人たちに
このことを知ってもらう。

ホームページから
小さな冊子を
ダウンロードしてくばる。

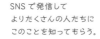

私たちにも
できることが
あるよ

新しい家族を迎える
ときは、譲渡会へ
行ってみよう。

お空へかえす
その日まで
大切に大切に
お世話をする。

学校で読んで
もらえないか
先生に聞いてみる。

犬や猫を
飼うということ
について
考える。

おうちの窓辺に
本を置いてみる。

お友だちと一緒に
本を読んで考えてみる。

ずっと一緒に居るために
きちんとしつけをする。

ある犬のおはなし　search
http://aruinu.link/

ある犬のおはなし

2015年11月22日　初版第 1 刷発行
2025年 5月30日　　　第 14 刷発行

作・絵　　　kaisei
Special Thanks　石岡 円　C.N　C.A.M　A.S.T
デザイン　　Chadal108
編集協力　　みっとめるへん社
企画　　　　後藤佑介

発行者　　内野峰樹
発行所　　株式会社トゥーヴァージンズ
　　　　　〒102-0073
　　　　　東京都千代田区九段北 4-1-3
　　　　　電話　03(5212)7442　　FAX　03(5212)7889
　　　　　http://www.twovirgins.jp

印刷・製本所　　萩原印刷株式会社

Ⓒ kaisei 2015
Printed in Japan
ISBN978-4-908406-00-3 C0095

本書の無断複写（コピー）は著作権法上での例外を除き、禁じられています。
乱丁・落丁本はお取り替えいたします。定価はカバーに表示してあります。